浪漫手作 钩编绣

她 品 主编

农村读物出版社

U0322219

图书在版编目（CIP）数据

浪漫手作钩编绣 / 她品主编. — 北京 ： 农村读物
出版社，2012.7
　（逆生长慢生活）
　ISBN 978-7-5048-5601-2

　Ⅰ．①浪… Ⅱ．①她… Ⅲ．①钩针－编织－图集②刺
绣－图集 Ⅳ．①TS935-64

中国版本图书馆CIP数据核字(2012)第140617号

策划编辑	黄　曦	
责任编辑	黄　曦	
出　　版	农村读物出版社（北京市朝阳区麦子店街18号　100125）
发　　行	新华书店北京发行所
印　　刷	北京三益印刷有限公司
开　　本	787mm×1092mm　1/24
印　　张	5
字　　数	120千
版　　次	2012年 9 月第1版　2012年 9 月北京第1次印刷
定　　价	26.00元

（凡本版图书出现印刷、装订错误，请向出版社发行部调换）

目录 ♥

目录

第三章

编出经典人物

第四章

百变丝带绣

第一章

钩编绣针法入门

1.钩织针法基础入门

钩针与线的拿法

1.可以将钩针拿在右手大拇指和食指中间，中指靠在钩针约4厘米的位置。

2.也可以将钩针拿在右手大拇指和中指之间，用食指搭在钩针间约4厘米的位置。

锁针

先在线的一端打上一个活结，套在钩针上，再伸针尖，将线从活结中钩出，这样反复钩编就成为了锁针。

短针

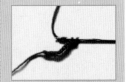

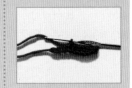

将钩针从钩好的锁针中隔一针，从下一个锁孔中钩出，再两针并一针。

长针

在钩针上绕一圈，隔四针，从第五针孔中将线钩出，再将线从钩针上的二个孔中钩出，两针并一针，然后用线把钩针上剩下的两针并为一针。

两短针并一针

用钩短针的方法将线在锁针孔中钩出一针，挂在钩针上，再在下个锁针孔中钩出一针挂在钩针上，然后将线一次性地从钩针上的套中钩出。

2.编织针法基础入门

起头

1.做一个圆环，将线从圆环中拉出。

2.将棒针穿入，拉紧线。

3.将短线挂在大拇指上，长线挂在食指上，按图所示的方向绕挂。

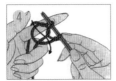 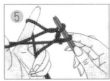

4.松开大拇指手上的线。

5.将大拇指穿入如图所示的位置，并拉紧。

6.重复，直至完成所需的针数。

上针

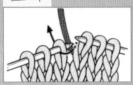

1.右针按图所示的方向插入。

2.如图绕线。

3.右针将线从左针拉出。

4.上针便完成了。

下针

1.将右手的棒针从所需编织的针前插入，右针在左针下。

2.将线绕在右针上，如图拉出。

3.拉出后，左针抽出。

4.下针便完成了。

3.丝带绣针法基础入门

轮廓绣

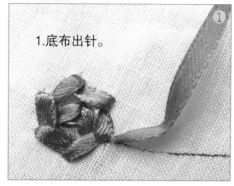

1.底布出针。

2.沿轮廓入针，在两针中间回一针。

3.重复上述步骤。

4.完成。

枝叶绣

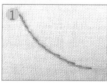

1.先用轮廓绣绣好树枝。

2.在树枝的一侧出针。

3.穿过树枝，在另一侧入针。

4.重复上述步骤，完成。

锁链绣

1. 底布出针。

2. 在水平方向右侧入针。

3. 稍微拉丝带形成一个拱形。

4. 在丝带上方出针压住丝带。

5. 在水平方向右侧入针，稍拉丝带形成一个拱形。

6. 绣至最后一针，从丝带的正上方中间位置出针。

7. 收针后完成。

第二章

钩出花样玩偶

01 圣诞麋鹿装

作者 罗丽萍

手作材料：

钩针2/0号、深棕色毛线、白色毛线、黑色圆珠、浅棕色不织布、红绳、棕色绣线、浅棕色绣线、黑色绣线、填充棉花少许。

配色表	
A色	深棕色
B色	白色

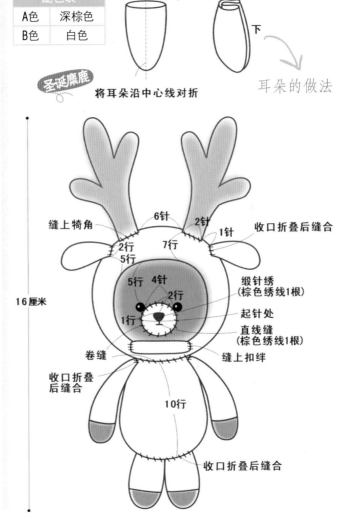

圣诞麋鹿

将耳朵沿中心线对折

耳朵的做法

下

我是一只有着美丽犄角的麋鹿，我驮着来自金银岛的礼物；当我走在树林里的时候，感觉到圣诞的铃铛就要敲响，我加快了脚步，因为我要把盒子里的礼物及时送给城里的小朋友们，传达新年的祝福。

一个小雀儿停在我的犄角上称赞我，它说我的犄角是它见过最好看的，这些夸奖的话语让我开心不已，我的话匣子由此打开，跟小雀儿聊个不停，从玛雅王一直说到安娜公主……树丛中的小猴子也探出头来听我们的聊天，我高兴极了，把身上携带的樱桃果子分给了小雀儿和小猴子。

缝上犄角
6针 2针
1针
收口折叠后缝合
2行 7行
5行
缎针绣（棕色绣线1根）
5行 4针
2行
起针处
1行
直线缝（棕色绣线1根）
16厘米
卷缝
缝上扣绊
收口折叠后缝合
10行
收口折叠后缝合

手作心情

犄角实物大纸样

➘ 浅棕色不织布4枚

犄角的做法

直线缝
(浅棕色绣线1根)

将2枚触角重叠后缝合

头（1枚）A色

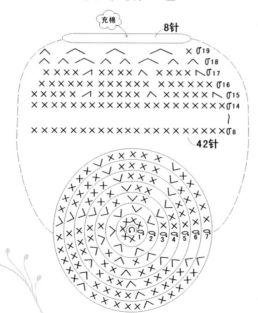

充棉

8针

42针

0·····意为起立针加引拔针

19·····8针（−7）

18·····15针（−15）

17·····30针（−6）

16·····36针

15·····36针（−6）

8～14·····42针

7·····42针（+6）

6·····36针（+6）

5·····30针（+6）

4·····24针（+6）

3·····18针（+6）

2·····12针（+6）

1·····轮状短针6针

14

扣绊（1枚）A色

起9针锁针

加油哦？

帽子（1枚）B色

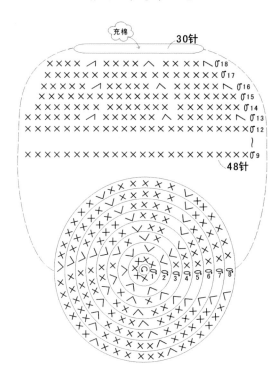

充棉   30针

48针

18……30针（-6）

17……36针

16……36针（-6）

15……42针

14……42针

13……42针（-6）

9～12……48针

8……48针（+6）

7……42针（+6）

6……36针（+6）

5……30针（+6）

4……24针（+6）

3……18针（+6）

2……12针（+6）

1……轮状短针6针

身体（1枚）B色

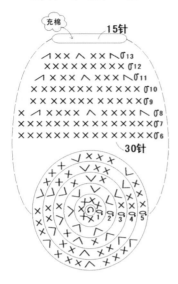

充棉
15针

30针

13······15针（-5）

12······20针

11······20针（-5）

10······25针

9······25针

8······25针（-5）

7······30针

6······30针

5······30针（+6）

4······24针（+6）

3······18针（+6）

2······12针（+6）

1······轮状短针6针

头和身体的缝合

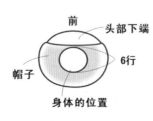

前
头部下端
帽子
6行
身体的位置

手（2枚）

充棉

σ9～σ1······表示1～9行
都是6针。

B色 3～9······6针

A色 { 2······6针
1······轮状短针6针

16

脚（2枚）

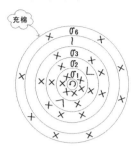

充棉

B色3~6……8针

A色 {
2……8针（+2）
1……轮状短针6针
}

耳朵（2枚）B色

不用填棉花

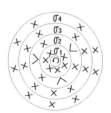

4……9针
3……9针
2……9针（+3）
1……轮状短针6针

完成

乐活指数：★★★★★
惊艳指数：★★★★★

17

02 粉红猪和小黄牛

作者 罗丽萍

手作材料：

钩针2/0号、粉色毛线、
白色毛线、玫红色毛线、黄
色毛线、棕色绣线、棉
花少许。

　　粉红猪和小黄牛是一对朋友。他们住在森林的小屋里，相互依偎着长大。小黄牛是个勤劳的家伙，每天太阳还没升起的时候，它就早早起床，去森林里搜集食物；而粉红猪却总是一副懒洋洋的模样，每天日晒三竿才肯起床，幸福地享受着小黄牛带回家的食物。尽管一个勤劳、一个懒惰，可它俩却是非常要好的朋友，感情特别深厚。

　　随着日子一天天过去，小黄牛和粉红猪都长大了。有一天，小黄牛在外出采食的路上，听到邻居们谈论森林之外的那个繁华世界。听说那儿有着各种各样稀奇古怪的事物，小黄牛闻所未闻，不禁感到有些好奇。

　　外面的世界，一定是很繁华、很精彩的吧！小黄牛突然想要到那繁华的城市里去，看一看那儿的人们过着怎样的生活。它兴冲冲地跑回家，想和粉红猪一起出发，可粉红猪听了它的提议，却兴趣不大。粉红猪觉得森林的安静生活挺好的，为啥非得辛辛苦苦地去远方讨生活呢？

　　终于有一天，小黄牛向粉红猪告别，去了那遥远的城市。粉红猪与它依依惜别，留在了安逸的森林里。很久以后，勤劳的小黄牛已经在城市里扎根落户，成为了被大伙儿景仰的干活能手。有时它也会怀念森林里的生活，不知粉红猪如今过得还好吗？

配色表		
	粉红猪	小黄牛
A色	粉红色	黄色
B色	玫红色	白色
C色	白色	

 粉红猪

小黄牛

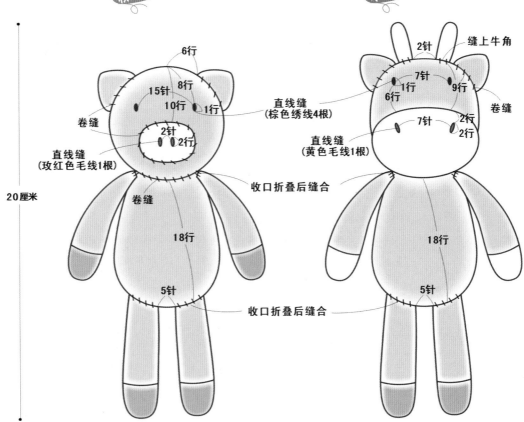

粉红猪

6行

8行

15针

10行

1行

卷缝

2针

2行

直线缝
(玫红色毛线1根)

卷缝

18行

5针

20厘米

小黄牛

2针

缝上牛角

7针

1行

6行

9行

卷缝

直线缝
(棕色绣线4根)

7针

2行

2行

直线缝
(黄色毛线1根)

收口折叠后缝合

18行

5针

收口折叠后缝合

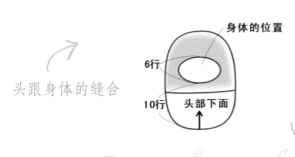

头跟身体的缝合

身体的位置

6行

头部下面

10行

加油哦！

粉红猪 头(1枚)A色

充棉

20针

22

21

20

19

18

9

48针

22 ······20针（−10）	
21 ······30针（−6）	
20 ······36针（−6）	
19 ······42针（−6）	
9～18 ······48针	
8 ······48针（＋6）	
7 ······42针（＋6）	
6 ······36针(+6)	
5 ······30针(+6)	
4 ······24针(+6)	
3 ······18针（＋6）	
2 ······12针（＋6）	
1 ······轮状短针6针	

耳朵(2枚)A色 🦋不用填棉

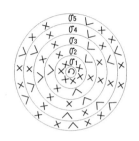

5······24针 (+6)

4······18针 (+6)

3······12针（+3）

2······9针（+3）

1······轮状短针6针

吻部(1枚)C色

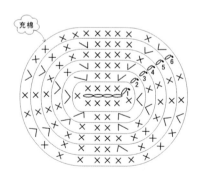

6······32针 (+4)

5······28针 (+6)

4······22针

3······22针（+6）

2······16针（+6）

1······10针（+6）

*起4针锁针。

小黄牛 头(1枚)

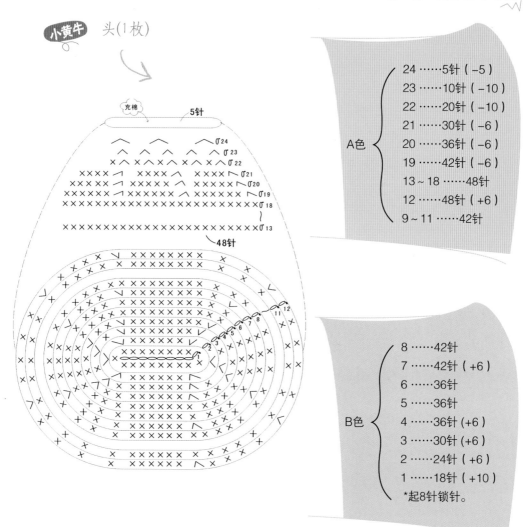

充棉

5针

24······5针（-5）
23······10针（-10）
22······20针（-10）
21······30针（-6）
20······36针（-6）
19······42针（-6）
13～18······48针
12······48针（+6）
9～11······42针

A色

48针

8······42针
7······42针（+6）
6······36针
5······36针
4······36针（+6）
3······30针（+6）
2······24针（+6）
1······18针（+10）
*起8针锁针。

B色

23

牛角(2枚)B色 🐾 不用填棉

2~5……6针

1……轮状短针6针

耳朵(2枚)A色 🐾 不用填棉

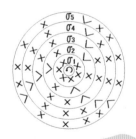

5……18针 (+3)

4……15针 (+3)

3……12针 (+3)

2……9针 (+3)

1……轮状短针6针

共通 身体(各1枚)A色

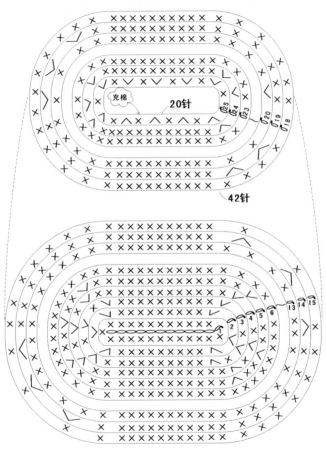

充棉

20针

42针

共通 手+足(各2枚)

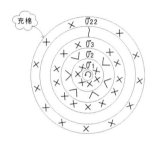

充棉

25 ……20针（-10）
24 ……30针（-6）
20~23 ……36针
19 ……36针（-6）
15~18……42针
14 ……42针（-6）
6~13 ……48针
5 ……48针（+6）
4 ……42针（+6）
3 ……36针（+6）
2 ……30针（+6）
1 ……24针（+13）
*起11针锁针。

A色7~22 ……12针

B色 {
3~6 ……12针
2 ……12针（+6）
1 ……轮状短针6针
}

完成

乐活指数：★★★★★
惊艳指数：★★★★★

03 邻家女孩

浪漫手作钩编绣

作者 罗丽萍

手作材料：

钩针2/0号、白色毛线、枚红色毛线、浅玫红色毛线、深玫红色毛线、黄色毛线、粉色毛线、白色毛线、黑色不织布、白色花边1根、黑色绣线、白色绣线、深玫红色绣线、填充棉花少许。

26

手作心情

我邻家有位可爱的女孩子，她有着甜美的笑容，是邻居们人见人爱的开心果儿，非常讨人喜欢。

这天，窗外阳光灿烂。晴朗的天气让女孩的心情也变得敞亮起来。她找出最漂亮的红裙子，别上一个小可爱的小发卡，戴上一顶粉红帽子，换上可爱的小红鞋和可爱的小兔子一起出门去。

郊外的空气清新极了，处处鸟语花香，女孩沉浸在这一片美丽的景色中，开心地跑到草地上，闻着馥郁的花香，轻轻地采摘了一朵小野花。她高兴地对小兔子大喊："小兔子，你喜欢吗？"小兔子跳跃起来，兴奋地原地打转，向主人表达着自己的欣喜之情。

邻家女孩

配色表	
A色	白色
B色	玫红色

缝上花朵
缝上头发
戴上帽子
用胶水粘上
涂腮红
缝上花朵
白色花边缝成环状，抽褶后缝在裙摆上
9行
14厘米
2针
法式结（白色绣线4根）

发型制作(浅玫红色棉线)

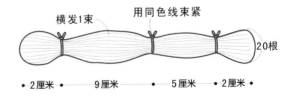

横发1束
用同色线束紧
20根
2厘米 9厘米 5厘米 2厘米

27

头(1枚)A色

面部表情制作

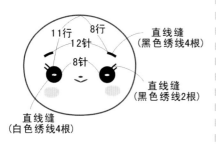

11行　8行
12针
8针

直线缝
（黑色绣线4根）

直线缝
（黑色绣线2根）

直线缝
（白色绣线4根）

口鼻刺绣

1针
第12行
第13行
3针

直线缝
（深玫红色绣线4根）

眼睛实物大纸样
（黑色不织布2枚）

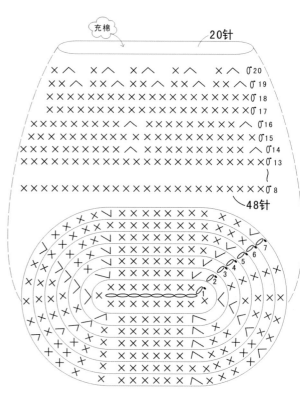

充棉　　　　20针

48针

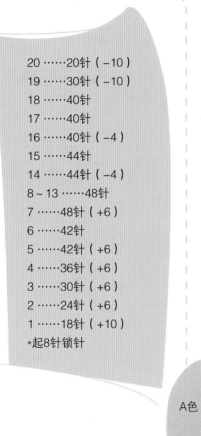

20……20针（－10）
19……30针（－10）
18……40针
17……40针
16……40针（－4）
15……44针
14……44针（－4）
8~13……48针
7……48针（+6）
6……42针
5……42针（+6）
4……36针（+6）
3……30针（+6）
2……24针（+6）
1……18针（+10）
*起8针锁针

手(2枚)

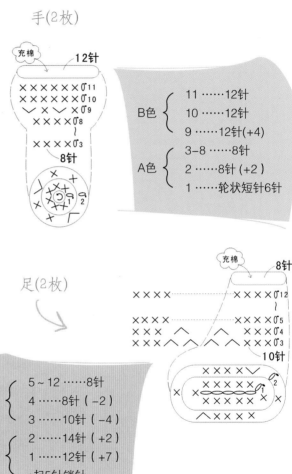

B色 {
11……12针
10……12针
9……12针(+4)
}

A色 {
3-8……8针
2……8针 (+2)
1……轮状短针6针
}

足(2枚)

A色 {
5~12……8针
4……8针（－2）
3……10针（－4）
}

B色 {
2……14针（+2）
1……12针（+7）
}
*起5针锁针

29

身体(1枚)B色

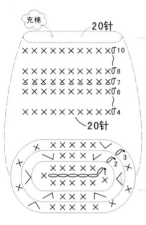

充棉

20针

20针

裙(1枚)B色

从身体第7行的后中心开始挑针编织

▷ = 接线
► = 剪线

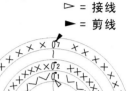

后中心

挑40针

8~10……20针

7……20针 (x̲)

4~6……20针

3……20针（+2）

2……18针（+6）

1……12针（+7）

*起5针锁针

2~7……40针

1……挑40针（+20）

缝合方法

收口折叠后缝合

平针缝并抽紧

4行

行

裙

身体

2行

脚

花朵(2枚)
深玫红棉线

⌒ =

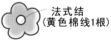

法式结
（黄色棉线1根）

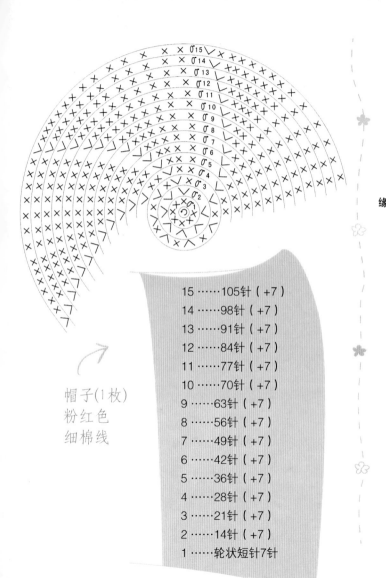

帽子缘编
（白色细棉线）

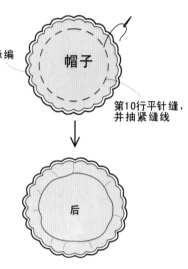

缘编

帽子

第10行平针缝，
并抽紧缝线

后

乐活指数：★★★★☆
惊艳指数：★★★★★

帽子(1枚)
粉红色
细棉线

15 ······105针（+7）
14 ······98针（+7）
13 ······91针（+7）
12 ······84针（+7）
11 ······77针（+7）
10 ······70针（+7）
9 ······63针（+7）
8 ······56针（+7）
7 ······49针（+7）
6 ······42针（+7）
5 ······36针（+7）
4 ······28针（+7）
3 ······21针（+7）
2 ······14针（+7）
1 ······轮状短针7针

作者 罗丽萍

手作材料：

钩针2/0号、白色毛线、浅蓝色毛线、珊瑚红色毛线、黑色不织布、黑色绣线、白色绣线、大红色绣线、浅蓝色绣线、填充棉花少许。

手作心情

你喜欢郊游吗？在花朵初开的季节，树叶露出了崭新的绿意，柳絮在阳光下飘荡着，落到人们的肩膀上。在这样美丽的时光里，怎么能不好好打扮一番，到野外追寻春天的足迹、迎接夏季的来临？赶快穿起你最喜欢的裙子，背好满满的背囊，去郊外走走吧！沐浴在和煦的阳光之下，是多么幸福的一件事！

可是，太阳却并不总是那么亲切。它能带来光明，带来温暖，却也能带来炎热与伤害。对于阳光的烦扰，年轻的小女孩们自有一番应对的法子。戴上可爱的太阳帽，帽檐儿挡住了脑袋，挡住了额头，立刻将恼人的阳光挡在了外面。

33

浪漫手作钩编绣

戴上太阳帽的娃娃

配色表	
A色	白色
B色	浅蓝色

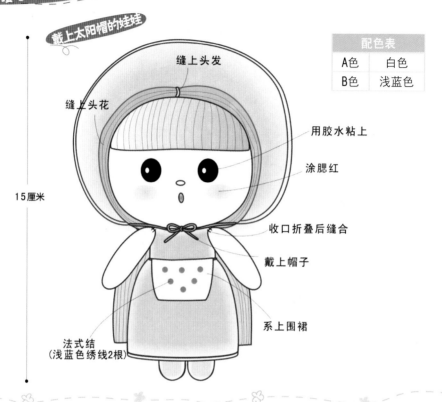

缝上头发

缝上头花

用胶水粘上

涂腮红

收口折叠后缝合

戴上帽子

15厘米

系上围裙

法式结
(浅蓝色绣线2根)

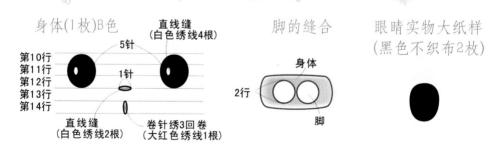

身体(1枚)B色

直线缝
(白色绣线4根)

5针

第10行
第11行
第12行
1针
第13行
第14行

直线缝
(白色绣线2根)

卷针绣3回卷
(大红色绣线1根)

脚的缝合

身体

2行

脚

眼睛实物大纸样
(黑色不织布2枚)

34

头(1枚)A色

充棉

15针

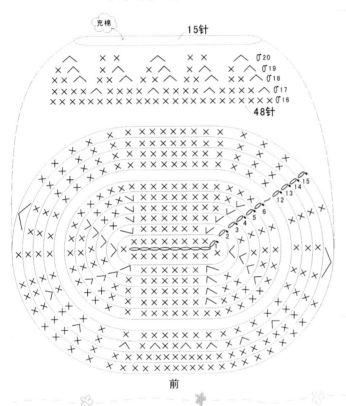

48针

前

20	15针（-5）
19	20针（-10）
18	30针（-10）
17	40针（-8）
16	48针
15	48针（-2）
14	50针
13	50针（+8）
6~12	42针
5	42针（+6）
4	36针（+6）
3	30针（+6）
2	24针（+6）
1	18针（+10）

*起8针锁针。

手(2枚)A色

充棉

2~9	6针
1	轮状短针6针

足(2枚)

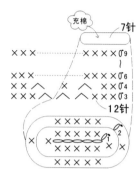

身体(1枚)
B色

A色6~9……7
5……7针
4……7针 (-2)
3……9针 (-3)
2……12针
1……12针 (+7)
*起5针锁针。

B色

9……15针 (-3)
6~8……18针
5……18针 (x)
4……18针
3……18针
2……18针 (+6)
1……12针 (+7)
*起5针锁针。

▷ = 接线
► = 剪线

围裙(1枚)A色   缘编(1枚)A色

留7厘米
长的线头   8锁针   8锁针   8锁针

围裙

裙（1枚）从身体第5行的
后中心开始排针

后中心

挑27针

发型制作(珊瑚红色棉线)

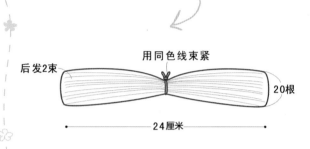

用同色线束紧

后发2束

20根

24厘米

A色10⋯⋯27针

B色 { 6~8 ⋯⋯27针

1⋯⋯挑27针（+9）

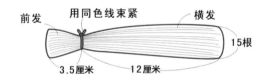

前发

用同色线束紧

横发

15根

3.5厘米

12厘米

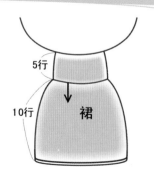

5行

10行

裙

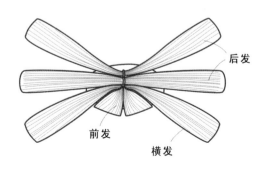

后发

前发

横发

浪漫手作钩编绣

帽子(1枚)

▷ = 接线
► = 剪线

帽檐

留7厘米
长的线头

在帽体第11行平针缝，
戴上帽子，前面系结。

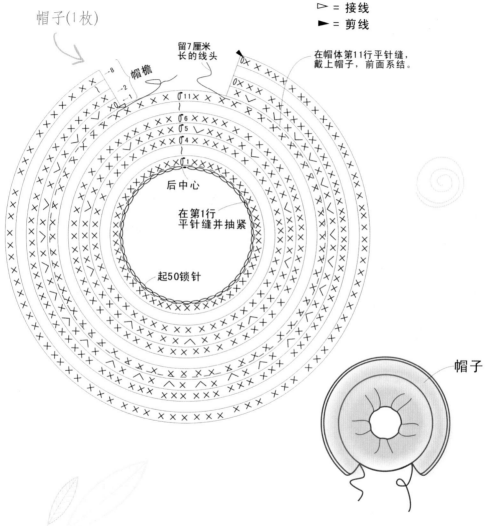

后中心

在第1行
平针缝并抽紧

起50锁针

帽子

帽檐（1枚）　　　　　　　　帽体（1枚）B色

A色8……78针　　　　　　　6～11……60针

2～7……78针　　　　　　　5……60针（+10）

B色 { 1……78针（+26）　　　　1～4……50针

*从帽体第11行挑针编织。　　*起50锁针连接成环状。

完成

乐活指数：★★★★☆

惊艳指数：★★★★★

05 浪漫黑白兔

作者 罗柳萍

手作材料：

钩针2/0号、白色毛线、粉色毛线、黑色毛线、粉色毛线、粉红色不织布、黑色绣线、白色绣线、填充棉花。

手作心情

　　森林里住着一只小白兔和一只小黑兔，它们每天在清晨的阳光里玩耍，在金凤花和雏菊花丛中捉迷藏，一起在森林中寻找橡树果子，一起吃蒲公英然后大声叫："好苦哟！"

　　有一天，小黑兔的神情变得有点忧伤。小白兔问道："你怎么了？"小黑兔沉默了一会，害羞地说："我希望能和你一直在一起，永远不分开。"小白兔睁大了眼睛，有些吃惊，但又有些高兴："你真的这样想吗？"小黑兔毫不犹豫地回答："当然！"小白兔温柔地伸出手来："我愿意一直跟你在一起！"小黑兔兴奋地紧紧握住小白兔的手，眼睛里闪烁着激动的泪花。

　　很久以后，黑白兔子的幸福故事还流传在森林里，被大家津津乐道着。又过了许多年，它们的传说越过森林，传到了乡村和城市里，成为了最美丽的童话。

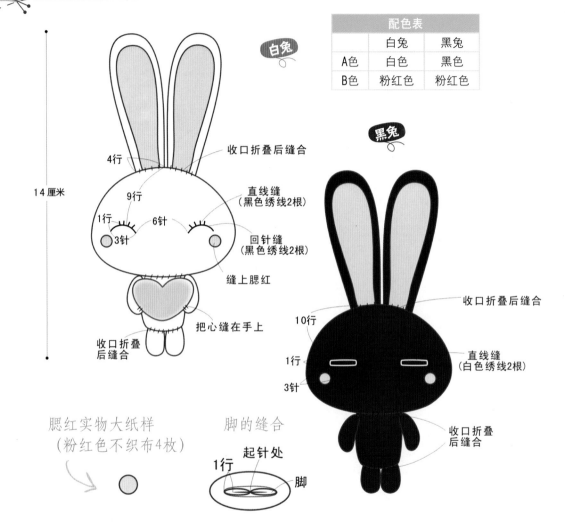

配色表		
	白兔	黑兔
A色	白色	黑色
B色	粉红色	粉红色

白兔

黑兔

14厘米

4行
9行
1行
3针
6针

收口折叠后缝合
直线缝（黑色绣线2根）
回针缝（黑色绣线2根）
缝上腮红
把心缝在手上
收口折叠后缝合

10行
1行
3针

收口折叠后缝合
直线缝（白色绣线2根）
收口折叠后缝合

腮红实物大纸样
（粉红色不织布4枚）

脚的缝合
起针处
1行
脚

42

头（各1枚）A色

充棉

18针

54针

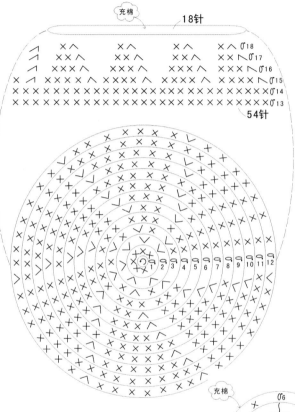

18……18针（-9）

17……27针（-9）

16……36针（-9）

15……45针（-9）

14……54针

13……54针

12……54针（+6）

11……48针

10……48针（+6）

9……42针（+6）

8……36针

7……36针（+6）

6……30针（+6）

5……24针（+6）

4……18针

3……18针（+6）

2……12针（+6）

1……轮状短针6针

充棉

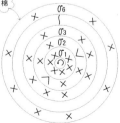

手（各2枚）A色

3~6……8针

2……8针（+2）

1……轮状短针6针

足（各2枚）A色

充棉

3~5……9针

2……9针（+3）

1……轮状短针6针

身体（各1枚）A色

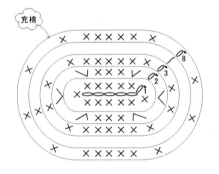

充棉

3~8……18针

2……18针（+6）

1……12针（+7）

起5针锁针

耳朵（各2枚）

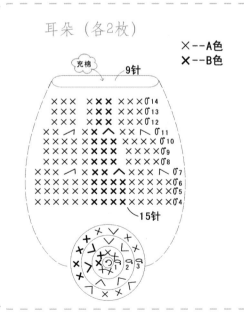

✕ー-A色

✕ー-B色

充棉　9针

15针

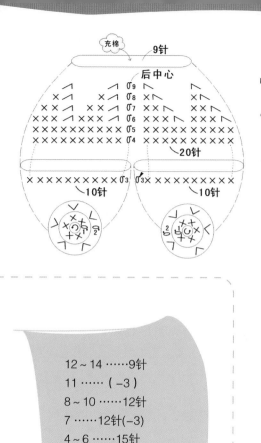

充棉
9针
后中心
20针
10针   10针

► = 剪线

心（1枚）B色

心

左右两边分别织
好后，在第4行连
接起来排20针
编织。

9……4针（−4）
8……8针（−4）
7……12针（−4）
6……16针（−4）
5……20针
4……20针（左右同时
编织）
3……10针
2……10针（+5）
1……轮状短针5针

完成

12~14……9针
11……（−3）
8~10……12针
7……12针(−3)
4~6……15针
3……15针（+3）
2……12针（+6）
1……轮状短针6针

乐活指数：★★★★☆
惊艳指数：★★★★★

45

06 可爱的垂耳兔子

作者 罗丽萍

手作材料：

　　钩针2/0号、米白色毛线、粉色毛线、纯白色
毛线、浅绿色毛线、黑色圆珠4颗、黑色绣线、填
充棉花少许。

配色表		
	垂耳兔子	小兔子
A色	深棕色	纯白色
B色	粉色	浅绿色

垂耳兔是兔子中的萌物，不仅性情温顺，长相也非常可爱，两只叶片大小的耳朵自然地牵拉下来，像小黑豆一样闪烁着精灵般的光芒。垂耳兔的嗅觉也很敏捷，只要你给它喂食两次，它就能完全识你身上的气味了。吃叶片的时候，垂耳兔的小嘴总是不停地上下全方位动着，样子可爱极了。

如果你养了一只可爱的垂耳兔，一定会想要再养一只，这样，它就不会感到孤单了。瞧，垂耳兔的伙伴是一只普通的小兔子，长长的耳朵竖起来，有着懵懂的天真与可爱。

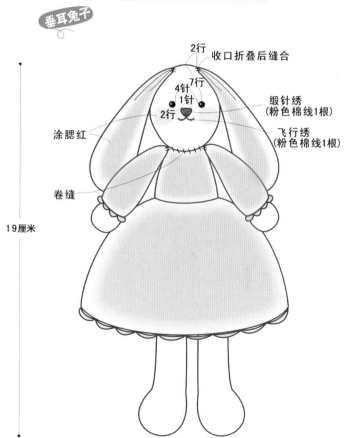

2行 收口折叠后缝合
7行
4针
1针
2行
缎针绣（粉色棉线1根）
飞行绣（粉色棉线1根）
涂腮红
卷缝
19厘米

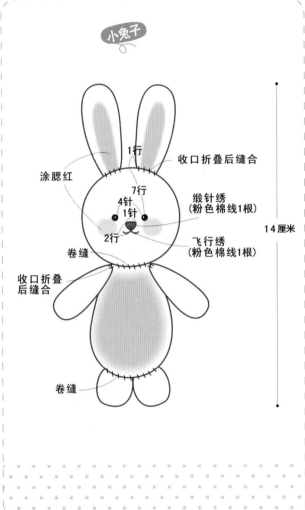

小兔子

1行

收口折叠后缝合

涂腮红

7行

4针
1针

缎针绣
(粉色棉线1根)

2行

飞行绣
(粉色棉线1根)

卷缝

收口折叠
后缝合

14厘米

卷缝

垂耳兔子

耳朵的做法

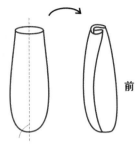

前

将耳朵沿中心线对折

耳朵(2枚)A色 不用填棉

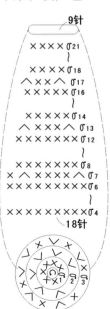

9针

×××× 21
×××× 18
∧×× ∧ 17
×××× 16
14
×××× 8
∧××∧ 13
×××××× 12
8
×××××× 8
×××× ∧ 7
×××××× 6
×××××××× 4

18针

头(1枚)A色

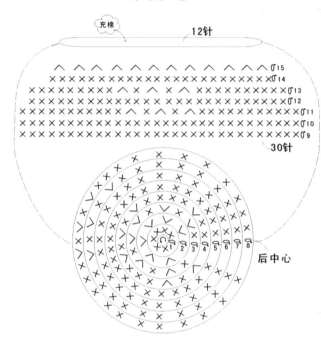

充棉

12针

30针

后中心

15……12针（−12）

14……24针

13……24针（−3）

12……27针

11……27针（−3）

10……30针

9……30针

8……30针（+3）

7……27针（+3）

6……24针

5……24针

4……24针 (+6)

3……18针（+6）

2……12针（+6）

1……轮状短针6针

18~21……9针

17……9针（−3）

14~16……12针

13……12针（−3）

8~12……15针

7……15针（−3）

4~6……18针

3……18针（+6）

2……12针（+6）

1……轮状短针6针

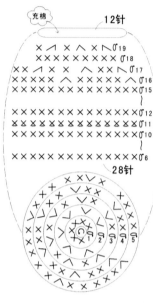

充棉　　　12针

身体(1枚)B色

28针

19	……12针（−6）
18	……18针
17	……18针（−6）
16	……24针（−4）
12～15	……28针
11	……28针（×）
6～10	……28针
5	……28针（+4）
4	……24针（+6）
3	……18针（+6）
2	……12针（+6）
1	……轮状短针6针

裙摆缘编

⌒ = 🞕

裙子(1枚)B色

后中心

挑42针

▷ = 接线
► = 剪线

❥从身体第11行
的后中心开始
排针编织。

3～15	……30针
2	……56针（+14）
1	……挑42针（+14）

手(2枚)

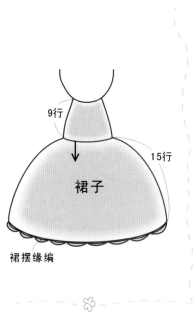

9行

裙子

15行

裙摆缘编

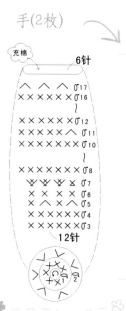

充棉

6针

17
16
12
11
10
8
7
6
5
4

12针

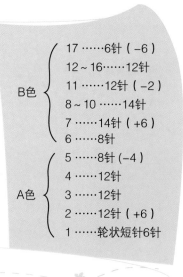

B色
17……6针（-6）
12~16……12针
11……12针（-2）
8~10……14针
7……14针（+6）
6……8针

A色
5……8针（-4）
4……12针
3……12针
2……12针（+6）
1……轮状短针6针

脚(2枚)A色

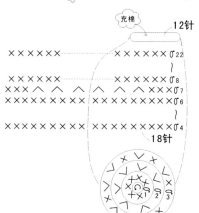

充棉

12针

22
8
7
6
4

18针

8~22……12针

7……12针(-6)

4-3……18针

3……18针（+6）

2……12针（+6）

1……轮状短针6针

脚的位置

起针处   4行

脚

前

袖口缘编
(2枚)B色

从袖子第
7行挑针
编织

$\frown$ =

2

后中心

挑14针

$\triangleright$ = 接线
$\blacktriangleright$ = 剪线

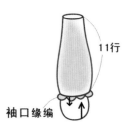

11行

袖口缘编

加油哦！

小兔子   头(1枚)A色

充棉   10针

14
13
12
6

30针

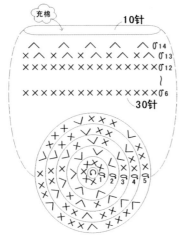

14 ……10针（-10）

13 ……20针（-10）

6~12……30针

5 ……30针（+6）

4 ……24针（+6）

3 ……18针（+6）

2 ……12针（+6）

1 ……轮状短针6针

耳朵（2枚）A色

⬇ 不用填棉

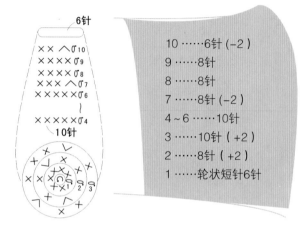

10……6针（-2）
9……8针
8……8针
7……8针（-2）
4~6……10针
3……10针（+2）
2……8针（+2）
1……轮状短针6针

手（2枚）A色

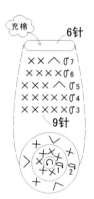

7……6针（-2）
6……8针
5……8针（-1）
4……9针
3……9针
2……9针（+3）
1……轮状短针6针

尾巴（1枚）A色

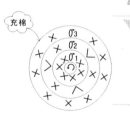

3……9针
2……9针（+3）
1……轮状短针6针

53

身体（1枚）B色

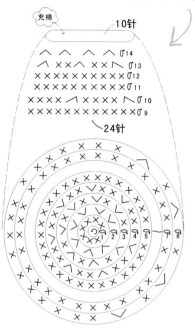

充棉

10针

∧ ∧ ∧ ∧ ∧ ↺14
∧ × × × × ∧ ↺13
× × × × × × × ↺12
× × × × × × × × ↺11
× × × × × × ∧ × ↺10
× × × × × × × × × ↺9

24针

14……10针（-5）

13……15针（-5）

12……20针

11……20针

10……20针（-4）

9……24针

8……24针（-4）

5~7……28针

4……28针（+7）

3……21针（+7）

2……14针（+7）

1……轮状短针7针

足（2枚）A色

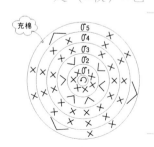

充棉

↺5
↺4
↺3
↺2
↺1

5……9针（-3）

4……12针

3……12针

2……12针（+6）

1……轮状短针6针

脚&尾巴的位置

尾巴

3行

起针处 3行 3行

脚

前

乐活指数：★★★★☆

惊艳指数：★★★★★

54

第三章

编出经典人物

01 皇帝的新装

作者 自由去非

手作材料：

11号针、粉色毛线、棕色毛线、黄色毛线、黑色毛线、红色毛线、蓝色毛线、珊瑚色毛线、铁锈红毛线、刀片、剪刀、胶水、腮红。

皇帝陛下每天都要换好几套衣服，他对漂亮的衣服有着非同一般的迷恋。这天，王国里来了两个骗子，自称能做出世界上最漂亮的衣服，这种衣服还有一个特性，就是任何愚蠢或者不可救药的人，都看不见这件衣服。

皇帝听信了他们的话，请求他们为自己量体裁衣。两个骗子装模作样一番，手上好像拿着什么东西似地，将不存在的"衣服"给皇帝"过目"。皇帝自以为穿上了世界上最漂亮的衣服，在大臣和武将的前呼后拥之中上街游逛，结果却被小孩儿戳穿了谎言："皇帝根本什么也没穿嘛！"

特别提示

在此款织法没有特别指出情况下，均为使用棒针（11号针）；针法没有说明即为下针。

顺织指织一行下、一行上或一行上、一行下使织物正面均为下针；弹性针法指每行都织下针或每行都织上针使织物正面一行上、一行下。符号"——"是指这一行针数变动后最后的总针数。此款织法仅作参考，因材料和个人手法、喜好不同，具体制作中请以实际情况为准。

制作过程：

1.腿、身体和头部

图1.右腿：蓝色线从袜子的下方起7针，每针加1针织完——14针。

图2.从上针行开始顺织3行，上针织1行作为脚踝的边缘。从上针行开始继续顺织3行。

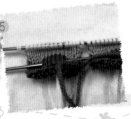

图3.剪断蓝色线，换上浅粉色线织腿部，顺织4行。

图4.剪断浅粉色线，换上白色线织衬裤，顺织2行。断线，备用。

图5.用同上方法再织另一条腿，注意不要断线。

图6.然后把2条腿连在一起用下针织完——28针，上针1行。

● 2，加1针，（4，加1针）6次，2——35针；顺织3行。

（即织2针，加1针，然后将"织4针，加1针"的步骤重复6次，再织2针，这样这一行共有35针。然后再顺织3行。以下以此类推。）

● 2，加1针，（5，加1针）6次，3——42针；顺织1行。

● 3，加1针，（6，加1针）6次，3——49针；顺织1行。

● 3，加1针，（7，加1针）6次，4——56针；顺织1行。

图7.换浅粉色线织上身，顺织2行。

● 5，2并1，（12，2并1）3次，7——52；顺织3行。

● 5，2并1，（11，2并1）3次，6——48；顺织3行。

● 4，2并1，（10，2并1）3次，6——44；顺织3行。

图8. 4，2并1，（9，2并1）3次，5——40；顺织3行。

图9. 肩部颈部：9，（2并1）3次，10，（2并1）3次，9——34针；顺织3行作为颈部。

图10. 头部：9，（1针加1针）3次，10，（1针加1针）3次，9——40针。

图11. 顺织19行，在其中一行正中间的一针用别线做上记号。

- 2，2并1，织完——30针，上针1行。

- 1，2并1，织完——20针。

- 上针（2并1）织完——10针。

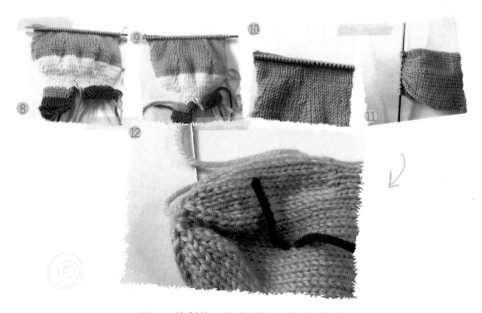

图12. 剪断线，留长线头，把线穿过针圈扎紧。

图13.用线穿过腿部起针行的每一针并抽紧，然后缝合腿部直到做记号处，缝合线位于腿的内侧，在腿里塞上棉花，可塞得稍微饱满一点。

图14.用同样的方法缝合另一条腿，缝合身体和头部并塞进棉花。

图15.缝合线位于身体后面正中间位置，取浅粉色线穿过颈部收针行向上数的第3行，稍稍抽紧形成颈部。

2.手臂

从手臂上方开始用浅粉色线松松地起14针，顺织14行。

图16.剪断浅粉色线，换上白色线，顺织2行。

- 7，加1针，7——15针；上针1行。
- 织9针，翻转。
- 第1针挑过不织，上针织2针；翻转。
- 第1针挑过不织，下针织2针。
- 断线，翻转，用线穿过这3针用力扎紧作为大拇指。
- 另加进线织剩下的6针，织完后，这一行共有12针。
- 上针1行。
- 2并1，织完——6针。

图17.断线，把线穿过针圈扎紧。

右臂部分请参考左臂的做法。

图18.缝合手臂，注意大拇指部分也要小心地缝一下，稍微塞一点棉花，注意不要塞得太多，缝合线位于腋下，用珠针固定在身体右侧颈部下方2行的位置，缝合固定。

3. 鞋子（2片）

图19.橘黄色线起14针，上针织1行。

- （1，1针加1针）织完——21针，上针1行。
- 1，加1针，8，（加1针，织1针）3次，8，加1针1——26针。
- 上针织16针，翻转。
- 第1针挑过不织，再织5针；翻转。
- 第1针上针挑过不织，上针织完。
- 从下针行开始顺织2行。
- 8，（2并1）5次，8——21针；上针1行。
- 换蓝色线，（2并1，1）织完——14针；收针。

鞋面上立起的部分

鞋面上的装饰

图20.橘黄色线从上方起5针，顺织2行，
以上针收针。

图21.缝合到鞋面上。

图22.浅黄褐色起8针，

断线，把线穿过针圈扎紧，形
成一个扇形，然后将扇形圆面朝外
缝合到鞋面上。

4. 头发

主体部分

图23.注意一直织弹性针法。

- 褐色线从底部开始起11针。
- 头尾各加1针，织3行。
- 重复以上4行做法1次——15针。
- 下面2行每行开头加6针——27针。
- 织20行。
- 6，2并1，5，2并1，5，2并1，5——24针；织1行。
- 5，2并1，4，2并1，4，2并1，5——21针；织1行。
- 5，2并1，3，2并1，3，2并1，4——18针；织1行。
- 1，2并1，织完——12针；织1行。
- 2并1织完——6针。断线，留长线头，把线穿过针圈扎紧。

发卷

图24.A（2个）：起15针，顺织8行，收针。

B（4个）：起8针，顺织6行，收针。

缝合：反面朝外把起针行和收针行缝在一起形成一个圆筒状。

图25.A发卷缝合在头发中间，B发卷缝合在两侧。

图26.将头发安装到头上，沿脸部两侧和后脑缝合好。

正面

反面

5. 斗篷

- 大红色从下方起50针。
- 从下针行开始织弹性针法4行。
- 顺织16行，同时每个上针行的开头3针和结尾3针织下针（下面相同）。
- 6，2并1，（7，2并1）4次，6——45针；顺织3行。
- 3，（2并1，1）13次，3——42针；上针织1行。

图27.从下针行开始织弹性针法4行，收针。

图28.用线穿过最后一个减针行的上面一行稍稍抽紧，然后将斗篷套在娃娃的脖子上缝合好。

6. 王冠

浅黄色线起16针。

图29.上针织1行，换大红色线织1行上针，每针加1针——32针，顺织6行。

- 2并1织完——16针，上针1行。
- 2并1织完——8针，断线，扎紧。

图30.缝合王冠并塞进棉花，将王冠沿边缘缝合到头顶，不要断线。

图31.将线从底部穿进，从王冠顶部扎紧的位置拉出，稍稍拉紧后绣一针绕7次的卷针，作为王冠顶上的宝石。再将浅黄色的基础部分平均分成4份，用珠针做上记号，取双股金黄色线从冠顶的宝石处呈放射状拉向4个记号处，稍稍抽紧并固定。

图32.另取浅绿色线沿浅黄色的基础部分，每隔2针打一个结，作为装饰用的宝石。

7.脸部

鼻子

图33.浅粉色线起6针，顺织2行。

- 下一行头尾各收1针——4针，上针1行。
- 再把以上2行做法重复一次——2行，收针。
- 将起针行对折后缝在一起，然后将鼻子对准脸部中间缝合，并用镊子稍稍塞一点棉花。

加油哦！

眼睛

图34.取黑色线，抽出其中2股进行绣花，眼睛呈如图所示的表情。眼角高的一端位于颈部收针行向上数第13行，低的一段位于颈部收针行向上数第12行，横跨3针，两眼相距4针的距离。

胡子

图35.取7厘米长褐色线2条，中间用同色细线扎紧，再把毛线扭散，也可用细齿梳梳开，拿刀片将两端用力刮一会，使两端逐渐变细，然后在尖端部分稍稍沾点胶水，用手捻一下使尖端部分粘在一起，然后将胡子缝合在鼻子下方，将两端稍稍卷曲后，用针尖沾上胶水按照卷曲的位置小心地粘好，用手轻轻按压使胶水变干。

嘴巴

图36.取深粉色线，抽出其中一股，在胡子下方横向缝2针，下面一针比上面一针稍短。

最后在眼睛下方的脸部稍稍刷一点腮红。

8.裤子的松紧带

图37.白色线起58针；收针。两端缝合后套在腰部白色裤子的边缘，缝合固定。

9.手套边缘（2片）

图38.白色线从手腕边起14针；顺织2行；收针。

将手套边缘围在手掌白色部分与浅粉色部分的边缘，两端缝合好，然后用线穿过起针行的每一针稍稍抽紧，再将这一行缝合固定到手掌边缘。

10.肚脐和腮红

图39.取铁锈红色线，如彩图所示在肚子上交叉绣一针作为肚脐，分别在左右胸口打一个小结作为胸口两点。稍稍刷一点腮红。另取黄色线在胸口中间纵向绣5针短短的锁链绣、横向绣4针锁链绣形成一个十字架，再将线拉向颈部一侧，从颈部穿到另一侧再拉回十字架处，将线头藏好。

完成

乐活指数：★★★★★
惊艳指数：★★★★★

67

浪漫手作 钩编绣

齐天大圣孙悟空

憨憨的猪八戒

慈眉善目唐三藏

忠心耿耿沙僧

68

齐天大圣孙悟空 ②

作者 自由去非

手作
心情

手作材料:
　　棒针、红色毛线、黄色毛线、粉色毛线、黑色毛线、白色毛线、蓝色毛线、棕色毛线、褐色毛线、剪刀、腮红。

　　他是一只顽劣的小猴子，也是桀骜不驯的美猴王。他曾经野心勃勃，向菩提老祖拜师潜心修行，炼成一身本领。他勇闯龙宫，大闹地府，打上天庭，妖魔鬼怪对他闻风丧胆，天庭众仙为他焦头烂额，却最终被佛祖降服，压在五行山下，直到五百年后，随着唐僧西天取经。

　　即使在取经的途中，他也从未失去过桀骜不驯的骄傲本性。他对师父忠心不二，有时却也叫师父头疼不已；他喜欢愚弄取笑师弟，却永远站在师弟的身前保护大家。他就是孙悟空，是孩子心中最厉害的家伙！

制作过程：

1.右脚

图1.右褐色线从靴子边缘开始起18针，上针织1行；换大红色线织裤子，从上针行开始顺织3行。

图2.下面织弯曲的膝盖：下针织15针。

- 翻转，上针织12针。
- 翻转，下针织9针。
- 翻转，上针织6针。
- 翻转，下针织这6针，再继续把左手针上剩下的3针织完。
- 上针织完整行——18针。
- 顺织6行，断线，穿在另一根针上备用。

2.左脚

图3.上褐色线从靴子边缘开始起18针，上针织1行。

- 换大红色线织裤子，从上针行开始顺织11行。

3.身体和头部

- 继续用大红色线织身体部分：先织完左脚的18针，再继续织右脚的前面3针。

- 翻转，上针把刚织的21针再织一遍；织21针，再把左手针上的剩下的右腿部分织3针。

- 翻转，把刚织的24针再用上针织一遍；下针把所有的针数织完，共36针；上针织3针。

- 翻转，下针把这3针织一遍；上针织6针。

- 翻转，下针把这6针织一遍；下一行上针把36针全部织完；下针行开始顺织2行；换黄色线顺织14行。

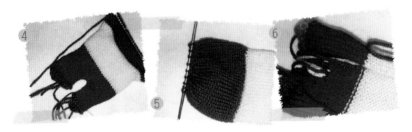

图4.肩部减针：6，（2并1）3次，12，（2并1）3次，12——30针；上针1行。

图5.换褐色线织头部：6，（1针加1针）3次，12，（1针加1针）3次，12——36针；顺织17行。

- 2，2并1，织完——27针；上针1行。
- 1，2并1，织完——18针。
- 上针（2并1）织完——9针。

图6.剪断线，留长线头，把线穿过针圈扎紧。

4. 靴子（2片）

- 黑色线从靴子底部起18针，上针织1行。
- 1，1针加1针，织完——27针；上针1行。
- 1，加1针，10，（加1针，织1针）5次，10，加1针，1——34针。
- 上针织21针；翻转。
- 第1针挑过不织，再织8针；翻转。
- 第1针上针挑过不织，上针织完。
- 从下针行开始顺织2行。
- 12，（2并1）5次，12——29针；上针1行。

图7.（2并1，1）9次，2并1——19针；收针。

图8.从头部扎紧的位置开始向下缝合头部和身体并塞进棉花，缝合线位于身体后面正中间位置。

图9.取褐色线穿过颈部第一行，稍稍抽紧形成颈部。

图10.再继续从裆部开始缝合腿部，缝合线位于腿的内侧，在腿里塞上棉花，可塞得稍微饱满一点。

图11.缝合靴子，紧紧地塞好棉花。

图12.然后用珠针将靴子的边缘与腿部起针行固定好。

图13.取浅褐色线将靴子的收针行与腿部褐色的第一行缝合在一起。

图14.然后继续用浅褐色线沿靴子前面的中间线向下用跑步绣绣出一个"儿"字形作为装饰。

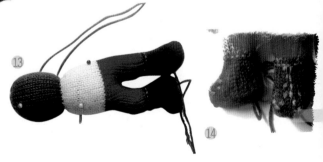

5.手臂

左手臂

黄色线从顶部松松地起12针；顺织26行。

换褐色线织手掌，顺织6行。

图15.2针并1针织完——6针。断线，把线穿过针圈扎紧。

右手臂

黄色线从顶部起6针。

下面6行顺织同时每行开头加1针——12针。

顺织12行。

换褐色线织手掌，顺织6行。

图16.22针并1针织完——6针，断线，把线穿过针圈扎紧。

从手掌扎紧的位置开始缝合手臂到腋下，稍稍塞一点棉花，沿开口边缘缝合固定到身体两侧，使右臂下垂，左臂上抬。

6.虎皮裙

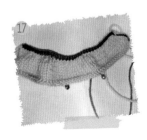

金黄色线从下方起54针；上针1行作为边缘。

从上针行开始顺织8行。

上针（1,2并1）织完——36针。

图17.换深蓝色织腰带，顺织1行，收针。

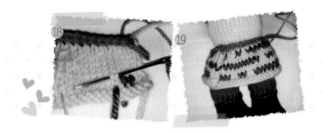

图18.虎皮裙上的绣花。

用褐色线绣花，图案如右图。

图19.将虎皮裙直接围在腰部，两端稍稍重叠一部分，然后
用深蓝色线沿腰带的边缘缝合到身体上。

7. 脸部

浅粉色线起7针。

下一行头尾各加1针，上针1行。

重复以上2行2次——13针。

顺织6行。

2针并1针，2针，2针并1针。

翻转，上针把织过的这4针收针。

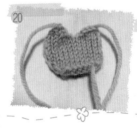

图20.另加进线织剩下7针：先平收1针，然后2针并1针，织2针，再2针并1针；
下一行上针收针。

图21.用珠针将脸部固定到头部，沿边缘小心地缝合好。

8.耳朵（2片）

图22.褐色线从外缘起16针，下针1行。

● 上针（2针并1针）织完——8针，下针1行。

● 断线，留长线头，然后把线穿过针圈扎紧。

● 将两只耳朵分别缝合在两部两侧距离脸部中间线5针的位置，耳朵顶部与眼睛齐平。

9.头箍

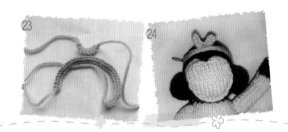

图23.主体部分：金黄色线起38针，收针。

月牙部分：金黄色线紧紧地起9针，松松地收针。

图24.将头箍主体部分头尾缝合在一起，套在头上，用几针缝合牢固，然后将月牙部分收针行的中间缝合到主体部分上，位于额头的中间上方。

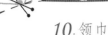

10.领巾

图25.红色线松松地起61针。

● 每行都织弹性针法，下面8行每行开头平收5针，注意最后一针不织，翻过来织下一行时把这1针盖在第2针上作为第1个收针，这样可以使边缘更加平整——21针。

● 下面4行用上面的方法每行开头平收4针——5针。

● 1，3并1，1——3针。

● 断线，扎紧。

● 把领巾围在颈部，末端在胸前相交，用红色线在相交的位置扎几圈后藏好线头。

图26.绣出眼睛和口鼻，先用珠针在脸部第一行向上数第10行，中间相距4针的位置做记号作为眼睛，然后取黑色线从记号位置穿出，向下3行穿进，再从记号位置穿出，共缝3次，然后把后2次缝的线分别向左右拨一下；用同样的方法绣出另一只眼睛，然后取白色线在眼睛里小小地缝一针作为高光。取铁锈红色线在脸部第一行向上数第5行的中间分别向左右1针、向上1行的位置缝一个V字形作为鼻子，再继续用铁锈红色线在脸部第一行向上数第3行的中间分别向左右2针、向上1行的位置缝一个稍大的V字形作为嘴巴。然后用胭脂在脸部稍稍刷一点。

11.筋斗云

主体部分

- 白色线从尖端起5针。
- 每针加1针；顺织3行。
- 重复以上4行做法一直到共有30针。
- 3，1针加1针，2，织完——35针；顺织5行。
- 3，1针加1针，3，织完——40针；顺织5行。
- 2，2并1，织完——30针；上针织1行。
- 1，2并1，织完——20针；上针织1行。

图27.2并1织完——10针。断线，留长线头，把线穿过针圈扎紧。

加油哦！

凸起（5个）

白色线起8针。

图28.每针加1针——16针，顺织2行。

- 上针收针。
- 缝合主体部分并塞好棉花，塞得紧一点，然后用线穿过起针行的每一针并用力扎紧。把所有的凸起缝合好，把悟空右腿稍稍曲起用珠针固定到筋斗云上，左腿下面放一个凸起使身体能够平稳，用珠针固定好。然后取下悟空，将凸起里面塞上棉花，按照珠针固定的位置沿边缘缝合到主体部分上。然后将另外几个凸起相继缝合到主体部分上。

图29.最后把悟空按照第一次珠针固定的位置缝合到筋斗云上。

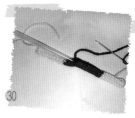 

12.金箍棒

- 黄色线起6针,顺织2厘米。
- 换红色线顺织10厘米。
- 再换黄色线顺织2厘米。
- 断线,留长线头,把线穿过针圈扎紧。

图30.取15厘米长吸管一根,然后将织片包裹在吸管外面,从扎紧的位置开始缝合织片。

图31.另取一根较粗的棒针,用力在筋斗云的前端扎一个洞,将吸管另一端插进洞里,然后将金箍棒沿起针行缝合到筋斗云上固定。最后将金箍棒的另一端与悟空的右手缝合固定在一起。

完成

乐活指数:★★★★☆
惊艳指数:★★★★★

憨憨的猪八戒 *03*

作者 自由去非

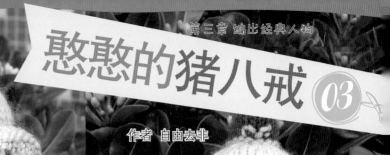

手作材料：

棒针、紫色毛线、粉色毛线、黑色毛线、红色毛线、绿色毛线、黄色毛线、蓝色毛线、灰色毛线、剪刀、腮红。

猪八戒是个亲切的家伙。

唐僧师徒四人西天取经，猪八戒常常是第一个打退堂鼓的。一旦西行途中遇有劫难，他便嚷嚷着要散伙，想回高老庄去做女婿，种地过日子。如此不争气的家伙，却往往令你我莞尔，他追求安逸享受的自然天性，仿佛就藏在每一个人的心底。

现代女性有云：嫁人当嫁猪八戒。天蓬元帅出身的猪八戒，有着世俗的珍惜当下的乐天本性，有情趣，会疼人，现代好男人，非此猪莫属。

制作过程：

1.身体和头部

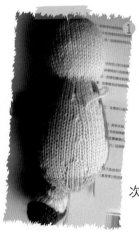

- 灰色线从身体下方开始起10针，从下针行开始顺织2行。
- 每针加1针——20针；顺织3行。
- 1针加1针，1，织完——30针；顺织3行。
- 1针加1针，2，织完——40针。

图1.换蓝色和浅粉色线织上衣和露出的肚皮部分。

- 蓝色14针，浅粉色12针，蓝色14针。
- 蓝色（1，1针加1针，2）3次，1；浅粉（1针加1针，3）3次，1针加1针，1；蓝色（2，，1针加1针，1）3次，1——50针。
- 上针织蓝色16针，浅粉色18针，蓝色16针。
- 蓝色5，2并1，2，2并1，5，浅粉色8，2并1，8，蓝色5，2并1，2，2并1，5——45针。

- 按照上面一行的配色顺织5行。
- 蓝色4，2并1，3，2并1，4，浅粉6，2并1，7，蓝色4，2并1，3，2并1，4——共40针。
- 顺织5行。
- 蓝色3，2并1，3，2并1，3，浅粉色6，2并1，6，蓝色3,2并1，3，2并1，3——共35针；顺织3行。
- 蓝色织12，浅粉11，蓝色12针；上针1行。
- 蓝色3，2并1，2，2并1，3，浅粉4，2并1，5，蓝色3，2并1，2，2并1，3——共30针；上针1行。
- 蓝色11，浅粉8，蓝色1；顺织3行。
- 换浅粉色线织颈部：顺织2行。
- 织头部：7，（1针加1针）7次，2，（1针加1针）7次，7——44针。
- 顺织19行。
- （2，2并1）织完——33针；上针1行。
- （1，2并1）织完——22针；上针1行。
- 2并1织完——11针；断线，留长线头，把线穿过针圈扎紧。

2.脚（2片）

- 深紫色线从鞋底起20针，上针织1行。
- 1，1针加1针，织完——30针；上针1行。
- 1，加1针，12，加1针，织1针，5次，11，加1针，1——37针。
- 上针织23针，翻转。
- 第1针挑过不织，再织8针，翻转。
- 第1针上针挑过不织，上针织完。
- 下针织1行。
- 换白色线织鞋面，上针织1行。
- 12，（2并1）3次，1，（2并1）3次，12——31针，上针1行。
- 1，（2并1，1）织完——21针；上针1行。
- 换灰色线织腿部，上针织1行作为裤口。
- 从下针行开始顺织4行，收针。

图2.缝合鞋子并塞棉，缝合到身体下方。

3.手臂 (2片)

- 蓝色线从顶部起8针。
- 下面6行每行开头加1针——14针。
- 下面2行每行开头用起针的方式加4针——22针。
- 下面6行每行开头加2针——34针,顺织8行。
- 换黄色线织袖口边缘,顺织1行。
- 用下针的方式收针。
- 取浅粉色线从袖口中间挑出14针织手掌,顺织6行。
- 2并1织完——7针。断线,留长线头,扎紧。

图3.组装:缝合手臂并稍稍塞一点棉花,用珠针将手臂顶部固定到身体肩部收针行并缝合好。

4.上衣下摆

- 蓝色线从下方起28针,上针1行。
- 从上针行开始顺织4行。
- 用下针的方式收针。

图4.沿身体灰色与蓝色相交的线将收针行缝合到身体上。

5.衣襟 (2片)

金黄色线起30针。收针。

图5.将2根衣襟分别固定在上衣与身体的交界处并盖住交接线。

6. 耳朵 (2片)

- 浅粉色线从基部起11针，从下针行开始顺织10行。
- 下一行头尾各收1针，上针1行。
- 再重复以上2行做法2次——5针。
- 1，3并，1——3针。
- 断线，留长线头，把线穿过针圈扎紧。

图6.用线穿过起针行的每一针，稍稍拉紧，然后将耳朵用珠针固定在头部两侧适当的位置，再用线缝合牢固，并向下折一下，使耳朵下垂。

7. 帽子

- 金黄色线从下方开始起20针，换紫色线上针织一行（注意这一行作为反面），下针织1针加1针，7，（1针加1针）4次，7，1针加1针——26针。上针1行。
- 下针3针，翻过来上针把这3针再织1遍；下针织18针，翻过来再把这18针里的前面10针用上针织1次；然后翻过来织10针里的9针；再翻过来用上针织9针里的8针；最后翻过来把这一行用下针织完。
- 上针织3针，翻过来再把这3针用上针织1遍。
- 下一行收针，注意：线平收12针，然后3针并针并收去这1针，再继续把剩下的针数全部收完。

图7.缝合帽子，用黄色线在帽子正前方绣出图案。

图8.然后在帽子里塞棉后缝合到头上。

8. 领巾

- 用红色线松松地起61针。

- 每行都织弹性针法，下面8行每行开头平收5针，注意最后一针不织，翻过来织下一行时把这1针盖在第2针上作为第1个收针，这样可以使边缘更加平整——21针。

- 下面4行用上面的方法每行开头平收4针——5针。

- 1，3并1，1——3针。

- 断线，扎紧。

图9.把领巾围在颈部，扎紧固定。

9. 腰带

图10.黄色线起3针，顺织68行，收针。

将腰带头尾缝合后固定在腰上。

10. 腰带上的结

黄色线起30针，收针。

图11.将织片打结后缝合腰带缝合线上。

11. 钉耙

钉耙部分

图12. 黄色线起12针。

● 下一行平收4针,再下针织完——8针。

● 顺织3行。

● 下一行开头用起针的方法加4针,然后平收这4针,再把剩下的部分下针织完——8针。

● 重复以上4行1次。

● 下一行开头用起针的方法加4针,然后把这一行全部平收。

● 将织8针的这一块长方形织片对折,里面稍稍塞一点棉花后缝合好。

耙手

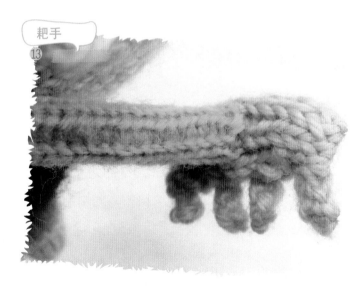

图13. 黄色线起6针,织2厘米,然后换绿色线织6厘米,再换黄色线织2厘米。断下,留长线头,把线穿过针圈扎紧。

剪下一根长约10.5厘米的吸管,把织片包裹在外面,缝合。取一根粗棒针,在钉耙上扎一个洞,将吸管插进洞里,沿洞口边缘缝合固定。

12.脸部

眼睛 图14.用珠针在颈部加针行向上数14行、中间相距7针的位置做记号,取黑色线从记号位置向下3行缝3针回针(见回针绣),再把后2针往左右两边拨一下形成眼睛,另取白色线在眼睛里绣短短的一针作为高光。

吻 伸出的部分:图15.浅粉色线起20针;顺织2行。

● 下针织17针,翻转,织上针14针。

● 下针织完,然后以下针的方式收针。

吻的末端:图16.浅粉色线起3针。

● 下面2行每行头尾各加1针——7针。顺织4行。

● 下面2行每行头尾各减1针——3针。下针收针。

● 缝合塞棉,然后沿起针行缝合到脸上。

嘴巴 图17.取铁锈红色线在颈部加针行向上数3行的中间,横跨4针缝一条横线。

三点 铁锈红色线在3点的位置分别绣一个小小的"X"形,然后用腮红稍稍刷一点。

最后在脸颊上稍稍刷一点腮红。

完成

乐活指数:★★★★☆
惊艳指数:★★★★★

86

忠心耿耿沙僧 ④

作者 自由去非

手作材料：

棒针、黑色毛线、粉色毛线、黄色毛线、紫色毛
线、绿色毛线、灰色毛线、巧克力色毛线、墨绿色毛
线、白色毛线、红色毛线、剪刀。

童年的记忆里，你也许深深地记得慈眉善目的唐三藏、本领超群的孙悟空、好吃懒做的猪八戒，可对于那个总是默默挑着担子的沙和尚，印象也许没那么深刻。

历尽磨难的沙和尚，是个性格沉着的人。他曾经是玉皇大帝的卷帘大将，因为打破了琉璃盏触犯了天条被贬出了天界，而后在人间的流沙河兴风作乱了一段时间，直到被观音大士点化，一心皈依佛门，之后同八戒、悟空和唐三藏一起去西天拜佛求经。这个憨厚淳朴的"沙师弟"，其实也曾经是个厉害的角色呢！

制作过程：

1. 右脚

图1.咖啡色线从鞋底起20针，上针织1行。

- 1，1针加1针，织完——30针，上针1行。
- 8，加1针，织1针，5次，12，加1针，2，加1针，3——37针。
- 上针织18针，翻转。
- 第1针挑过不织，再织8针，翻转。
- 第1针上针挑过不织，上针织完。
- 换黄色线织下针1行。
- 换白色线织袜子，上针织1行。
- 5，（2并1）7次，18——30针，上针1行。
- 2并1，1，织完——20针，顺织4行。
- 换灰绿色线织裤子，下针织1行作为裤口。
- 从下针行开始顺织7行作为腿部。
- 断线，把针圈穿到另一根针上备用。

2.左脚

图2.咖啡色线从鞋底起20针，上针织1行。

- 1，1针加1针，织完——30针，上针1行。
- 3，加1针，2，加1针，12，加1针，织1针，5次，8——37针。
- 上针织29针，翻转。
- 第1针挑过不织，再织8针，翻转。
- 第1针上针挑过不织，上针织完。
- 换黄色线织下针1行。
- 换白色线织袜子，上针织1行。
- 18，（2并1）7次，5——30针。上针1行。
- 2并1，1，织完——20针，顺织4行。
- 换灰绿色线织裤子，下针织1行作为裤口。
- 从下针行开始顺织7行作为腿部。
- 注意不用断线，接下来继续织身体部分。

3.身体和头部

把2条腿连起来织，先把左腿的20针织完，再把右腿的20针织完——40针。顺织9行。

- 换紫色线织上身，顺织6行。
- 用浅绿色2团和紫色1团织上身的马甲和身体，织浅绿色15针、紫色10针、浅绿色15针。继续顺织上一行的图案9行。
- 肩部：继续织图案同时 9，（2并1）3次，10，（2并1）3次，9——34针。上针1行。
- 头部：剪断浅绿色和紫色线，换上浅粉色线织头部，顺织2行。
- 9，（1针加1针）3次，10，（1针加1针）3次，9——40针。

- 顺织19行，在其中一行正中间的一针用别线做上记号。
- 2，2并1，织完——30针；上针1行。
- 1，2并1，织完——20针。
- 上针（2并1）织完——10针。
- 剪断线，留长线头，把线穿过针圈扎紧。取浅粉色线穿过颈部第一行，稍稍抽紧形成颈部。

图3.缝合腿部和身体并塞棉。

4.手臂（2片）

紫色线从顶部起8针。

- 下面6行每行开头加1针——14针。
- 下面2行每行开头用起针的方式加4针——22针。
- 下面6行每行开头加2针——34针，顺织9行。
- 用下针的方式收针。
- 取浅粉色线从袖口中间挑出14针织手掌，顺织6行。
- 2并1织完——7针，断线，留长线头，扎紧。
- 组装：缝合手臂塞棉后缝合到身上。

5.上衣下摆

- 紫色线从下方起48针。
- 上针织2行作为边缘。
- 从下针行开始顺织10行。
- 2并1，2，织完——40针，收针。

图4.缝合两边，将衣摆套在身上缝合。

6. 马甲边

- 浅绿色线起60针，上针织2行，收针。
- 将马甲边沿浅绿色的马甲的边缘缝合好。

7. 领口

- 白色线9针。
- 头尾各收1针，顺织1行。
- 重复以上2行做法2次——3针。
- 断线，留长线头，把线穿过针圈扎紧。
- 将领口起针行用珠针固定到颈部下方，然后沿边缘缝合到身体上。

8. 腰带

黄色线起40针，上针织2行，收针。
将腰带围在腰部，头尾缝合好，再沿边缘缝合牢固。

9. 衣襟

黄色线起55针，收针。
将衣襟缝合到身上。

完成

10. 佛珠

大珠（3个）：咖啡色线起6针，顺织3行，断线，扎紧。
小珠（4个）：咖啡色线起5针，顺织3行，断线，扎紧。
图5.缝合：缝合珠子并塞棉。取咖啡色线穿好固定在颈部。

11.头箍

主体部分：金黄色线起42针，收针。

月牙部分：金黄色线紧紧地起9针，松松地收针。

图6.将头箍缝合后套在头上并装上月牙部分。

12.五官

耳朵（2片）：浅粉色线从外缘起8针，下针织1行，断线，留长线头，把线穿过针圈扎紧。

鼻子：浅粉色线从底部起5针。

● 织1针，加1针，4次，织1针——9针；上针1行。

● 下1，2针并1针，3针并1针，2针并1针，下1——5针。

● 断线，留长线头，把线穿过针圈扎紧。

● 用镊子在鼻子里稍稍塞一点棉花，缝合在脸部。然后把耳朵正面朝前缝合到头部两侧，高度与鼻子对齐。

● 嘴巴和眼睛做法请参考本书《西游记》其他人物做法。

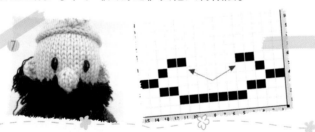

胡子：图7.取黑色线剪成约8厘米长，在脸部"种"上胡子。种的方法：先将线对折，用钩针钩过种的地方，然后将散开的两端穿过针圈拉紧。如上图所示沿嘴巴周围"种"一圈胡子把嘴巴包围起来，其中红色箭头表示嘴巴。

头发：图8.取黑色线剪成约10厘米长，在头部一根根"种"上头发。"种植"方法与胡子相同。头发的位置为从颈部向上数第2行、第4行和第6行的耳后，每针种一根。

用剪刀将胡子和头发修剪整齐，然后用细齿梳将它们小心地梳开。最后在两颊稍稍涂一点腮红。

13.月牙铲

月牙：图9.灰色线起9针。

下2，1针加1针，下1，1针加1针，下1，1针加1针，下2——12针，顺织5行。

下2，（2针并1针，下1）2次，2并1，2——9针，收针。

铲子：灰色线起12针，顺织6行；2针并1针——6针，顺织3行。
换黄色线织手柄。

手柄：图10.用黄色的线顺织1厘米左右。

断线，换浅绿色线顺织10厘米。

再换黄色线顺织1厘米。

断线，留长线头，把线穿过线圈扎紧。

缝合：图11.先缝合铲子并塞棉，取一根12.5厘米长的吸管一端插进铲子里面，缝合；缝合月牙部分并小心地塞一点棉花，将月牙的中间缝合到把手扎紧的地方。

完成

乐活指数：★★★★★
惊艳指数：★★★★★

慈眉善目唐三藏

05

作者 自由去非

手作材料：

棒针、粉色毛
线、浅黄色毛线、黄
色毛线、红色毛线、
棕色毛线、黑色毛
线、剪刀、腮红。

手作
心情

    唐三藏是个长相英俊、心慈面善的僧人。他满怀理想，佛经的造诣高得令人叹服，却手无缚鸡之力。虽然他没什么本领，但在《西游记》中那些极力想吃唐僧肉的妖怪们却总不能如愿，因为有三个好徒弟在一路保护着他。

    在故事中，唐三藏历经了九九八十一难，始终痴心不改，在孙悟空、猪八戒、沙僧和白龙马的帮助下，历经千辛万苦，终于在西天的雷音寺中取回三十五部真经，为弘扬佛家思想的传播教化做出了巨大的贡献。

制作过程：

1. 身体与头部

浅黄色线从底部边缘起48针，顺织4行。

- 11，2并1，22，2并1，11——46针。顺织3行。
- 10，2并1，22，2并1，10——44针。顺织3行。
- 10，2并1，20，2并1，10——42针。顺织3行。
- 9，2并1，20，2并1，9——40针。顺织15行。
- 9，（2并1）3次，10，（2并1）3次——34针。上针1行。
- 换浅粉色线织头部，顺织2行；
- 9，（1针加1针）3次，10，（1针加1针）3次，9——40针。
- 顺织19行，（1，2并1，1）织完——30针；上针1行；（1，2并1）织完——20针；上针1行。
- 上针（2并1）织完——10针。
- 断线，留长线头，然后把线穿过针圈扎紧。

2. 身体底部

图1.浅黄色线从身体的底部边缘挑起48针。

- 下针织1行作为折线。
- 下针（1，2并1，1）织完——36针。顺织3行。
- 1，2并1，织完——24针。顺织2行。
- 上针2并1织完——12针；断线，留长线头，把线穿过针圈扎紧。

组装：缝合身体与头部并塞进棉花，可稍稍塞得紧一点，用浅粉色线穿过浅粉色与浅黄色相邻的这1行稍稍扎紧，形成颈部。

3. 鞋子和腿（2个）

图2.浅褐色线起20针，上针织1行。

- 1，1针加1针，织完——30针。上针织1行。
- 1，加1针，12，（加1针，织1针）5次，11，加1针，1——37针。
- 上针织23针，翻转。
- 第1针挑过不织，再织8针。翻转。
- 第1针上针挑过不织，上针织完。
- 织2行下针。换白色线织袜子。
- 12，（2并1）3次，1，（2并1）3次，12——31针。上针1行。
- 1，（2并1，1）织完——21针。收针。

组装：缝合鞋子，并塞进棉花，塞得饱满一点，然后用珠针将鞋子的边缘固定在

4. 手臂

右臂：图3.浅黄色线起8针。

- 下面6行每行开头加1针——14针。顺织2行。
- 下一行头尾各加1针，上针织1行。
- 重复以上2行做法2次——20针。顺织6行。收针。

右掌：5.浅粉色线起7针。顺织2行。

- 每针加1针——14针。顺织3行。
- 下一行头尾各收1针——12针。上针织1行。
- 4，（2并1）2次，4——10针。顺织3行。
- 2并1织完——5针。断线，留长线头，扎紧。

左臂：图4.浅黄色线起8针。

- 下面6行每行开头加1针——14针。顺织16行。
- 换浅粉色线织手掌，顺织6行。
- 2并1织完——7针。断线，留长线头，扎紧。

组装：图5.缝合手臂并塞进棉花后组装到身上，将右掌垂直地缝合到右臂上。

5.衣襟

图6.浅褐色线起45针，下针织1行，收针。将衣襟一端固定在右侧腋下，绕过脖子，在胸前交叠固定缝合。

6.裹裟

图7.浅黄色线起86针，织一块长方形，见右方裹裟示意图。

上下方的边缘分别从上针行开始织弹性针法3行，两侧边缘织一针上针、1针下针、一针上针。

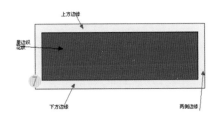

图8.所有的边缘部分用浅黄色线织，具体图解见袈裟配色图，注意红色部分里面共织8排图案再用织下方边缘同样的方法织好上方边缘。

将袈裟一端从左腋下开始绕过后背，盖住右臂缝牢。另取金黄色线用钩针钩7针辫子针形成一个圆环，缝在右胸作为如意环。将右臂从手肘处弯曲使手掌竖立在胸前，缝合固定。

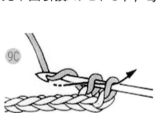

7.帽子

- 帽冠：黄色线从下方起40针，上针织2行。
- 换红色线，（2，1针加1针，2）织完——48针。顺织7行。
- 把这48针分成8份，每份6针，一份一份依次织。
- 织第一份：将这6针顺织4行，同时每行开头收1针——2针。
- 断线，把线穿过针圈扎紧。
- 然后另加进线织第2份；依次将其他几份全部织完。

图9.取黄色线，用钩针沿帽冠收针行钩一圈引拔针（见下图引拔A、B、C），每份钩约9~10针。

> ➤ 注意图中空格部分为下针，画横线部分为上针

A.开始时不钩织，在记号的针圈处插针

B.绕线，按A号线拉出

C.再绕线，引拔

98

图10.在每份之间用黄色线纵向绣一条直线作为分隔，继续用黄色线在每份对称地绣2针单独的锁链绣。

图11.在上方中间位置绣1针绕5圈的卷针绣形成一个小球状。

锁链绣　⑩

帽顶部分:黄色线起40针；顺织8行。

- 1，2并1，1，织完——30针。上针1行。
- 1，2并1，织完——20针。上针1行。
- 2并1织完——10针。上针1行。
- 2并1织完——5针。顺织3行。
- 换红色线，顺织4行；断线，留长线头，把线穿过针圈扎紧。

卷针　⑪

帽子飘带（2片）

- 黄色线起30针，下针1行。
- 用上针的方式收针。

图12.组装：将帽冠和帽顶分别缝合好后戴在头上固定。

图13.将飘带缝在帽冠上。

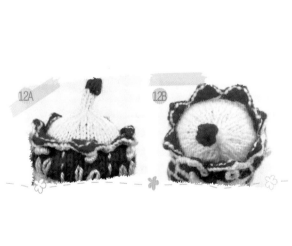

8.脸部

眼睛：图14.用珠针在颈部粉色部分的第一行向上数12行，中间相隔3针的位置做上记号，取黑色线分成2股，留其中一股用，将线从头部后方穿进，右侧珠针位置穿出，向右侧横向3针的位置穿进，再传回珠针的位置，再穿到向右3~5针、向上1行的位置穿进作为右眼，同样的方法绣出左眼。

嘴巴：铁锈红色线在颈部粉色的第一行向上数6行的中间分别向左右1针、向上1行的位置绣一个V字形作为嘴巴。

耳朵：右耳：浅粉色线从外部边缘起8针；下针1行。

把前面3针并成1针，再上针收针。

左耳：浅粉色线从外部边缘起8针，下针1行。

上针把前面5针收针，最后3针并成1针。

把耳朵缝合到脸部两侧帽子下方。

另取红色线在额心打一个结作为额心红点，用腮红在脸部两侧轻轻刷一下。

乐活指数：★★★★☆
惊艳指数：★★★★★

第四章

百变丝带绣

浪漫手作钩编绣

01 华丽古典化妆包

作者 薄荷糖

手作材料：

剪刀、针线、紫色丝带、蓝色丝带、黄色丝带、珊瑚色丝带、消失笔、蓝色珠子、紫色珠子、拉链、包边布、米色花边、喷胶辅棉。

手作心情

　　化妆包，是每个女性的心水之物。个头虽然小小的，里面却藏着女人所有的美丽梦想与秘密，装载着女人日常最钟爱的美容单品。

　　对女性有特殊意义的化妆包，利用丝带绣也可以巧妙装点一番，一朵朵点缀在包包上面的小花朵，象征着女性心头浪漫的情怀，而花朵状的蕾丝边更是把女性心头含盖的小秘密映衬出来了，隐藏在花蕊间的闪亮小珠子，让化妆包在古典之中又吐露出青春的情怀，爱美的你赶紧动手吧！

制作过程：

　　1.用白纸剪出一个长28厘米，宽16厘米的纸型。

　　2.根据纸型在底布上用消失笔描好图形，并剪下。

　　3.把蕾丝花边用针线固定在剪下的底布上。

　　4.在底布上根据蕾丝花边的造型，运用多种丝带绣针法和各色珠子绣出图案。

5.根据纸型剪下内衬布，把喷胶辅棉用熨斗烫在内衬上。

6.同时底布也用熨斗烫上喷胶辅棉。

7.把底布内衬用包边布滚边。

8.对折滚好边的布，在两侧用针线缝合大概10厘米。

9.把布翻过来，如图所示消失笔的位置，用针线缝好，另一边同样处理。

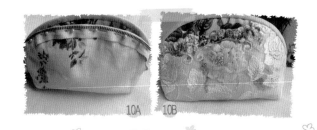

10A 10B

10.用珠针将拉链固定在包的内侧，针线固定拉链。

11A 11B

11.包的两侧用花边装饰，并装上一个提手，完成。

完成

乐活指数：★★★★★
惊艳指数：★★★★★

105

春天气息的手机袋

作者 三峡女红

手作材料：
　　绣针、记号笔、剪刀、紫色透明丝带、珊瑚红透明丝带、绿色丝带、红色丝带、粉红色绣线。

虽然市面上有很多手机袋的样式，但是将丝带绣运用到手机袋上，还是比较特别的。这种形式抛弃了手机袋的平面风格，在手机袋表面的丝带绣让整个图案变得立体感十足，花儿好像变得鲜活起来了，绿色的叶片也让人感觉充满了生机，就犹如把春天的美好念想都握在手中一样。

怎么样，这么别具一格的丝带绣图案是不是很让你着迷呢，赶快看看是怎么做的吧。

制作过程：

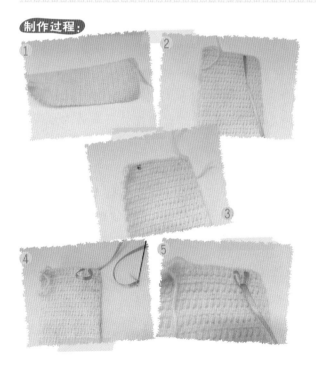

1.用钩针钩短针的方法，将一团毛线钩成一块长方形料，尺寸以对折后略大于手机为宜。

2.将穿着绿色丝带的大鼻针穿过长方形料的顶部。

3.背面用打火机加热并捯平，起到打结固定的作用。

4.在平行于第一针1厘米左右处穿透面料，此时丝带不用拉紧，留一些间距。

5.在两针中下方1厘米处从下往上穿透面料并套过丝带。通常习惯把这一针称做原点，羽毛绣简单理解就是从原点开始做等腰三角形。

107

6.此时，以这一点为原点，朝右边入针，并继续4、5的步骤。

7.再在新原点的左边出针，并继续4、5的步骤。

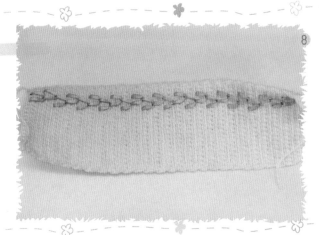

8.很快，以羽毛绣的针法作为装饰边的步骤就完成了。

9.在背面剪断丝带，并用打火机打结。

10.在羽毛绣上用丝带做法国豆针绣结。这个过程就是像缝衣服一样在根部打一个结。

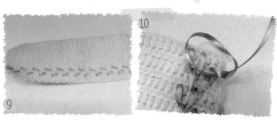

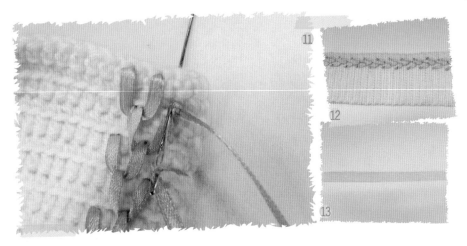

11.然后从根部的旁边插下去。

12.看看，是不是很漂亮。

13.剪一根10厘米左右的纱带，两头用打火机的蓝色火焰处烧下，以防脱边。

14.用线均匀穿过纱带的的底部。

15.将线收紧，丝带便会形成自然的褶皱。

16.按照从内至外的顺序，用线将丝带固定在面料上。

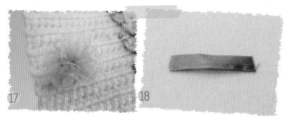

17.纱带固定好后的效果。

18.剪一根8厘米长的缎带。

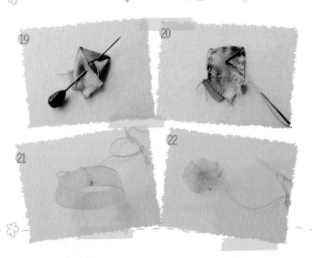

19.如图折成四边形。

20.用线将四边缝住后，收紧线，形成花苞。

21.剪10厘米长纱带一根，两头用线缝合，并均匀穿过纱带的一边。

22.拉紧线，形成自然褶皱的圆形花，将它缝在面料上。

23.将花与花苞都固定好后，就可以用绿色缎带做叶子了。

完成

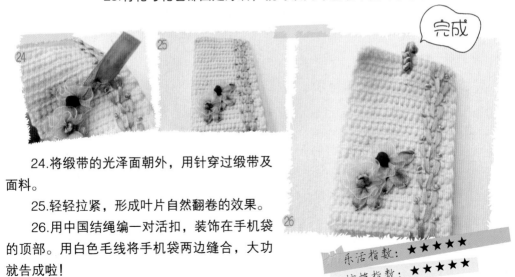

24.将缎带的光泽面朝外，用针穿过缎带及面料。

25.轻轻拉紧，形成叶片自然翻卷的效果。

26.用中国结绳编一对活扣，装饰在手机袋的顶部。用白色毛线将手机袋两边缝合，大功就告成啦！

乐活指数：★★★★★

惊艳指数：★★★★★

维多利亚风情胸针

作者：薄荷糖

手作材料：

浅色碎花布、古铜色扣针、珍珠、紫色丝带、蓝色丝带、白色蕾丝花边、白色纸板、消失笔、剪刀。

手作
心情

　　充满维多利亚感的英伦风情总是让人难以割舍，仿佛在时光交错之间把人带到了十九世纪的欧洲，少女们洛可可式的装束，难以掩饰的娇羞，充满了浪漫的情怀。

　　白色的蕾丝花边，多彩的丝带，绚丽的花朵，复古的配饰，这些都是女人所爱的华丽元素。利用这些经典元素来打造一只特别的胸针，将它佩戴在胸前，你是否能感受到那份维多利亚式的怀旧情怀呢？

制作过程：

1.在底布上用消失笔画出胸针底座的轮廓。

2.用多层玫瑰绣针法先绣出3朵玫瑰。

113

3.用叶子及花蕾绣针法，将叶子与花蕾绣上并结合各色珠子，绣好整个图案。

4.用一张白纸剪出胸针底座的轮廓。

5.将底座轮廓描在厚纸板上，剪下。

6.把绣好的图案的底布沿轮廓留好0.8厘米的缝份，剪下。

7.将底布包在纸板上，中间填入棉花，用胶贴粘好。

8.在胸针底座上涂
满胶水，把纸板粘上。

8.把花边用平缝打
好褶，做成一朵花。

10

10.把胸针底座
用胶粘在花边上。

完成

11

11.将别针用胶粘在花
边上，完成。

乐活指数：★★★★★
惊艳指数：★★★★★

116

多彩花朵钥匙包 04

作者 紫萝

手作材料：

表布、里布、辅棉、粉色丝带、橘红色丝带、黄色丝带、绿色丝带、绣线、麻绳、钥匙环。

　　钥匙包是包包里面的必备用品之一，有了它，钥匙在包包里面能受到很好的保护，不会叮叮当当乱响，也不会碰到包包里其他的物品了。

　　选用粗麻的面料来制作钥匙包，会非常的耐磨，看起来也有一些古朴的味道，然后再用丝带绣几朵小花，顿时感觉钥匙包变得灵动了起来，也显得很特别，栩栩如生的花朵和绿叶，让小蜜蜂都想过来凑下热闹呢！

制作过程：

　　1.按纸样剪裁表布和里布。
　　2.在表布上描出绣花位置，并搭花架。

　　3.先绣花。
　　4.绣叶子和枝蔓。

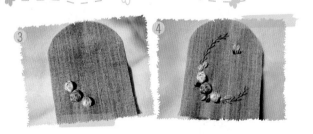

5.表布和里布正面相对，加辅棉固定。

6.缝合，留返口。

7.剪除多余的辅棉。

8.底边两角45°剪下（注意不要剪断缝线）。

119

9.翻至正面缝合反口。

乐活指数：★★★★★
惊艳指数：★★★★★

10.前后两片正面相对卷针缝合，顶端留7~8厘米小口。然后翻至正面。

11.将拉绳和从顶端小口穿入，拉绳穿入顶端栓钥匙环，即完成。

完成